Was ist ein Co_2-Kältemittel? Technologische Betrachtung von CO_2-Kältemittel & Kälteanlagen

Ghaith Shehri

Bibliografische Information der Deutschen Nationalbibliothek:

Die Deutsche Nationalbibliothek verzeichnet diese Publikation in der Deutschen Nationalbibliografie; detaillierte bibliografische Daten sind im Internet über http://dnb.d-nb.de abrufbar.

ISBN: 9783346535993
Dieses Buch ist auch als E-Book erhältlich.

Druck und Bindung: Books on Demand GmbH, Norderstedt Germany
Gedruckt auf säurefreiem Papier aus verantwortungsvollen Quellen

Das Buch bei GRIN: https://www.grin.com/document/1147786

Technologische Betrachtung von CO2-Kältemittel & Kälteanlagen

Ghaith Shehri

Hausarbeit im Wahlpflichtmodul
Kältetechnik

Abgabetermin: 22.07.2020

Vorbemerkungen

Die vorgelegte Arbeit stellt eine Zusammenstellung der technischen Kenntnisse dar. Aufgrund der speziellen Situation im Sommersemester 2020 hatte ich keine Möglichkeit, die Bibliothek zu nutzen. Aufgrund dessen sind hier die überwiegende Anzahl der Quellen aus dem Internet. Mit einem detaillierten Literaturstudium (technische Literatur, Formeln und Zahlenwerte aus Tabellen etc.) lässt sich diese Arbeit sinnvoll ergänzen.

Inhaltsverzeichnis

Abbildungsverzeichnis

Tabellenverzeichnis

1 Einleitung

1.1 Hinführung auf das Thema

Ein behagliches Raumklima in Gebäuden zu schaffen, ist für unser Wohlgefühl von großer Bedeutung. Das gilt nicht nur für Winterzeiten, wo man heizen soll, aber auch für Sommerzeiten, wo dann die eindringende Wärmezufuhr bzw. die zunehmenden Temperaturen in unseren Räumen zu regulieren sind. Aus diesem Grund ist dann das Kühlen von Gebäuden ebenfalls wichtig wie das Heizen in Bezug auf die Modernisierung der Qualität innerhalb einer Gebäudehülle. Dabei bedeutet das Kühlen im Gegenteil zu Heizen das Abführen von Energiemengen.

„Die Aufgabe einer Kälteanlage ist es, Waren und anderes Gut abzukühlen und bei einer Temperatur aufzubewahren, die normalerweise tiefer ist als die Umgebungstemperatur. Kühlung kann definiert werden als ein Prozess, bei dem Wärme entzogen wird. Die ältesten und bekanntesten Kältemittel sind Eis, Wasser und Luft. Anfänglich war das Konservieren vonNahrungsmittelnderHauptzweck. Die Chinesen entdeckten als erste, dass Eis die Haltbarkeit von Getränken verlängern und ihren Geschmack verbessern kann, und die Eskimos konservierten seit Jahrhunderten ihre Lebensmittel durch Gefrieren.“ (amberger-Kuehltechnik.de)

1.2 Zielsetzung und Vorgehensweise

Es wird im Rahmen dieser Hausarbeit darum gehen, den Begriff „ CO2-Kältemittel" zu Erklären, zu Verstehen und zu Wissen, was mit einer Kälteanlage gemeint ist, welche Funktion sie hat und wie sehen der Aufbau sowie der Ablaufprozess aus. Mit Hilfe von Beispielen, also Abbildungen und Tabellen wird dann das Ganze vereinfacht und dazu dienen, einen erweiterten Überblick in der Kältetechnologie zu bekommen.

Als nächstes erfolgt eine kleine Vorstellung von Kohlendioxid als Kältemittel, dann wird die Funktionsweise der Kältemaschine durch eine Aufteilung von den Ablauf in Schritten verdeutlicht, um somit eine thermodynamische Betrachtung in den Prozessen zu gewinnen. Darüber hinaus wird nicht nur die Einsetzung von CO2 für die Kältebereitstellung veranschaulicht, vielmehr auch sein chemisches Verhalten mit anderen Stoffen. Abschließend werden die Vor- und Nachteile sowie der Einfluss sowohl auf die Umwelt als auch auf den Menschen klargestellt.

1.3 CO2-Kältemittel: Was ist das genau?

CO2-Kältemittel ist ein natürliches Kältemittel, das in Form eines Fluids in einer Kältemaschine oder in einem Kompressor eingesetzt wird, um Wärme zu übertragen. Es ist geruchs- und geschmackslos, nicht brennbar und umweltfreundlich. Die Wärmeaufnahme erfolgt über das untere Temperaturniveau bzw. das untere Druckniveau, während sich die Wärmeabgabe über das obere Niveau der Temperatur sowie des Druckes ereignet, wobei die Zustandsänderungen des (Kälte-)Prozesses aufeinanderfolgen. Erwähnenswert ist, dass zu den natürlichen Kältemitteln auch andere Arbeitsmedien zählen wie Ammoniak, Wasser sowie Kohlenwasserstoffe als auch Luft. Der Kohlendioxid ist als Kälteträger als R744 von den Kältetechnikern bezeichnet, R stammt aus dem englischen Wort „Refrigerant" also auf Deutsch Kältemittel.

„Kälteanlagen oder Kühleinrichtungen können auch in Kühlgeräten, z.B. Kühlschrank, Gefriertruhe, Klimagerät, Speiseeisbereiter, Verkaufskühlmöbel, Wärmepumpen eingebaut sein. Sie können sowohl ortsfest als auch ortsbeweglich betrieben werden." (umwelt-online.de)

2 Grundlagen bezogen auf die Kältetechnik

In diesem Kapitel soll es vor allem darum gehen, wie eine Kälteanlage überhaupt funktioniert und wie das Kältemittel, umgangssprachlich auch „Kühlmittel" genannt, zustande kommt. Vermittelt wird auch, in welchen Anwendungsbereichen das CO2-Kältemittel zum Einsatz kommt. Ein Beispiel aus der Praxis soll dabei für ein besseres Verständnis sorgen. Auch die Zustandsänderungen werden kurz erläutert und ihre Gefahren benannt. Es werden positive als auch negative Aspekte beschrieben und dazu kurz Stellung bezogen, was dies für die Umwelt bedeutet.

2.1 Funktion und Aufbau einer Kälteanlage

Die Kälteanlage besteht aus vier Hauptbauteilen, einem Verdichter, einem Verflüssiger, dem Drosselorgan und einem Verdampfer.

Um den Kältekreislauf einfacher und besser nachzuvollziehen, sind demnächst vier Arbeitsschritte nötig. In jedem Schritt findet eine thermodynamische Zustandsänderung bezogen auf das Kältemittel mithilfe einem der vier Hauptorgane statt.

Schritt 1:

Das dampfförmige Mittel in unserem Fall CO2 (R 744) wird aus der Leitung angesaugt und komprimiert. Dies passiert im Verdichter, beispielsweise das Arbeitsmedium wird bei Bedingungen mit einem Druck von 3 bar und einer Temperatur von 3 Grad angesaugt, welches demnächst auf etwa 10 bar verdichtet wird. Diese thermodynamische Zustandsänderung sollte eigentlich isentrop sein. Es entsteht aber während der Verdichtung auch eine zusätzliche Wärme, die dann das Kältemittel aufnimmt. Bei diesem Arbeitsschritt wird das Mittel bis auf ca. 65-70 Grad erwärmt.

Schritt 2:

Im sogenannten Verflüssigungsprozess strömt das Mittel R 744 als stark überhitzter Dampf in den nachgeschalteten Wärmeüberträger „Verflüssiger" ein, wo dann das Kältemedium die sogenannte Kondensationswärme an die Umgebung abgibt. Bedenken wir hierbei, dass der Druck nahezu unveränderlich bleibt. Demzufolge wird diejenige Temperatur unterschritten, bei der sich das Fluid verflüssigt (Kondensationstemperatur). Zum Beispiel können wir uns eine Wasserflasche vorstellen, die bei erhöhter relativen Feuchtigkeit und Temperatur aus dem Kühlschrank genommen wird. Hierbei kann man besonders gut betrachten, dass sie nach einer gewissen Zeit anfängt zu „schwitzen", es bilden sich also kleine Wassertropfen auf der Wasserfalsche. Während der Enthalpieabgabe kühlt sich das Medium solange ab, bis das sämtliche dampfförmige Kältemittel konditioniert.

Schritt 3:

Der Expansionsprozess erfolgt mit der Strömung des verflüssigten Kältemediums durch das Drosselventil. Währenddessen senkt der Druck stark von dem höheren Druckniveau auf den niedrigen Druckniveau der Verdampfung. In diesem Beispiel von 13 bar auf 3 bar. Da der Druck herabgesetzt wird, kann sich das flüssige R 744 entspannen.

„Als Beispiel stellen wir uns eine Deodose vor, auch in ihr ist das Medium flüssig, sobald wir die Zerstäuberdüse öffnen, tritt das Medium dampfförmig und teilweise flüssig aus. Die restliche Flüssigkeit benötigt Energie, um noch weiter zu verdampfen und entzieht der Umgebung Wärme." (knipping-Klima.de)

Schritt 4:

Hier wird wie im dritten Schritt erklärt, das flüssige CO2-Mittel in und durch den sogenannten Kälteerzeuger (der zweite Wärmeübertrager) in Strömen fließen. Bei niedriger Temperatur entzieht das Gemisch dem zu kühlenden Raum so viel Wärmemenge, die zum vollständigen Verdampfen benötigt wird

(Verdampfungswärme). Ein anderes Medium bzw. ein Raum kann dadurch gekühlt werden. Nach diesem Prozess saugt der Kompressor das verdampfte Kältemedium erneut an und es folgt Schritt 1. (Kreislauf)

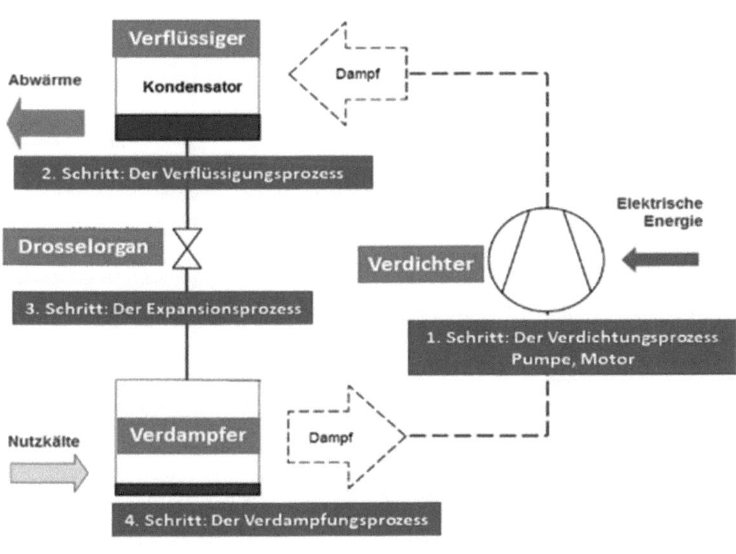

Flüssiges Kältemittel — — Dampfförmiges Kältemittel

Abbildung 1: Darstellung des fortlaufenden Prozesskreislaufes.

(Quelle: Konzeptstudie zur Energie- und Ressourceneffizienz im Betrieb von Rechenzentren, Technische Universität Berlin)

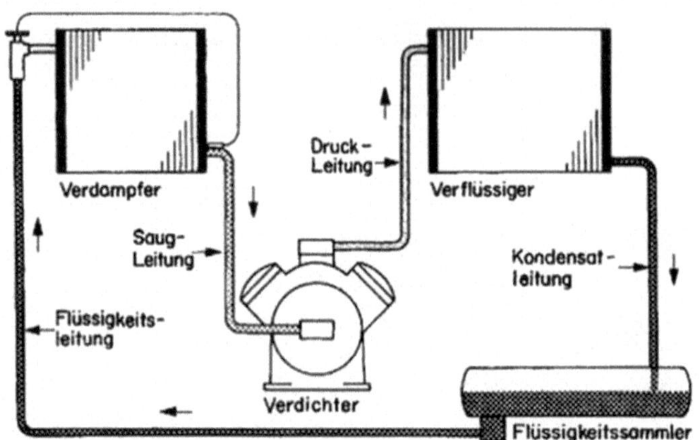

Abbildung 2: Kreislaufsystem der Kälteanlage mit sämtlicher Rohrleitungen. *(Quelle: Grundkurs der Kältetechnik, Heinz Veith, VDE Verlag GmbH Berlin, 2016)*

2.2 Verwendung des CO2-Kältemittels

Die Anwendung von Kohlenstoffdioxid als Kältemittel ist sehr verbreitet und wird in vielen verschiedenen Bereichen eingesetzt. Bemerkenswert ist, dass auf das CO2-Kältemedium bzw. (R 744) in Branchen wie Auto-Klimatisierungssysteme, Gewerbekälte aber auch in der Wärmepumpen-Technologie sowie Industriekälte nicht verzichtet, weil es sich verglichen zu fluorierten Kältemitteln als umweltverträglich auszeichnet und mit günstigen Kosten verbunden ist. Außerdem ist es nicht giftig, nicht entzündbar und farblos.

„R744 besitzt ein Treibhauspotenzial (Global Warming Potential, GWP) von 1 (GWP = 1).

R744 besitzt einen ODP - Wert (Ozone Depletion Potential) von 0.

R744 ist nach ISO/ASHRAE in die Sicherheitsklasse A1 eingestuft." (Cold.word)

Somit hat R 744 einen geringen Beitrag an der Erderwärmung. Denn je höher der GWP-Wert, umso höher ist das Treibhauspotential und das wiederum sorgt für eine Erderwärmung.

Die Sicherheitsklassifizierung erfolgt folgendermaßen: Die Einstufung aufgrund toxischer Eigenschaften ist in zwei Klassen unterteilt, und zwar so, dass der Typ A auf die Kältemittel hinweist, die geringe Toxizität aufweist, während der Typ B auf diejenige Kältemedien hindeutet , die über eine hohe Toxizität verfügen. Die Entzündbarkeit eines Kältemittels wird nach diesem Merkmal in vier Gruppen aufgegliedert. Die Kategorie A1 bedeutet hierbei, dass das Kältemittel feuerfest ist, die Kategorie A3 bedeutet hingegen, dass es schwer brennbar ist.

Tabelle 2: Nach ISO 817 Sicherheitsklassifizierung je nach Kältemittel (cold.word)

Propan	A3	B3	hoch entzündlich
R152a	A2	B2	entzündlich
R1234yf	A2L	B2L	schwer entzündlich
R410A / R22	A1	B1	unbrennbar
	geringere Toxizität	erhöhte Toxizität	

Im Automobilindustrie-Bereich gehört die Klimaanlage mit steigender Tendenz (besser gesagt wie selbstverständlich) zur Serienausstattung eines Wagens. In Bezug auf den Klimaschutz, was mittlerweile weltweit von großer Bedeutung denn je ist, ist beispielsweise die Schädigung von CO_2 etwa 1.400 mal geringer als die des Kältemittels R134a (Tetrafluorethan). Das bedeutet, dass der Treibhauseffekt viel weniger ist, als mit den aktuellen R134a. Die CO_2-Klimaanlage kann den Innenraum in kurzer Zeit abkühlen und arbeitet dabei mit weniger Energie. In heißen Sommertagen ist der Energieverbrauch der Klimaanlage geringer. Der Klimakompressor in den PKW-Klimaanlagen weist zudem eine hohe Dichtigkeit auf. Daimler (Mercedes-Benz) hat im Jahr 2016 einen großen Schritt nach vorne gemacht und fing damit an, die Mercedes-Benz S-Klasse mit Klimaanlagen mit klimaschonendem Kältemittel CO_2 auszustatten. Weitere KFZ-Fahrzeuge werden sicherlich in nahestehender Zukunft folgen.

2.3 Reaktion mit anderen Stoffen

Das Kohlenstoffdioxid kann sich unterschiedlich auf andere Stoffen auswirken. Unter anderem mit Ammoniak. Besonders bei der Planung von Kaskaden-Wärmeüberträger muss dies in Betracht gezogen werden. Mischt sich das Kohlenstoffdioxid unter höherem Druck mit Ammoniak, kann es zu Anlagenschäden kommen. Es bildet sich Hirschhornsalz (Ammoniumcarbonat). Im Bezug zu Wasser entsteht durch die Verbindung der zwei Stoffe Kohlensäure, die sich rostend oder ätzend auf Verdichtungsgehäuse und einige Buntmetalle auswirkt.

2.4 Aggregatzustände

Unter den Aggregatzuständen versteht man diejenige Zustände eines Stoffes, die sowohl vom Druck als auch von der Temperatur abhängig sind. Für die Kältetechnik ist der Tripelpunkt aber auch der kritische Punkt von großer Bedeutung. Steigt die Temperatur über den kritischen Punkt, ist demnach CO2 nicht mehr zu verflüssigen. Bei einem geringeren Druck als derjenige am Tripelpunkt, befindet sich CO2 entweder in einem festen Zustand oder als Gas. Sollte das flüssige Kohlestoffdioxid austreten und in die Atmosphäre gelangen, formt es sich angesichts des draußen herrschenden Druckes direkt in Gas um. Es kann sich dabei auch zu Trockeneis umwandeln. Der Übergang vom festen zum gasförmigen Zustand liegt bei -79 Grad und verursacht bei Hautkontakt starke Schmerzen und Verbrennungen.

„Auch wenn Trockeneis aussieht wie Speiseeis : Es ist definitiv nicht zum Verzehr oder als Eiswürfelersatz geeignet. Die tiefe Temperatur sowie der durch die Verdampfung entstehende Druck können irreparable Organschäden hervorrufen“ (westfalen.com)

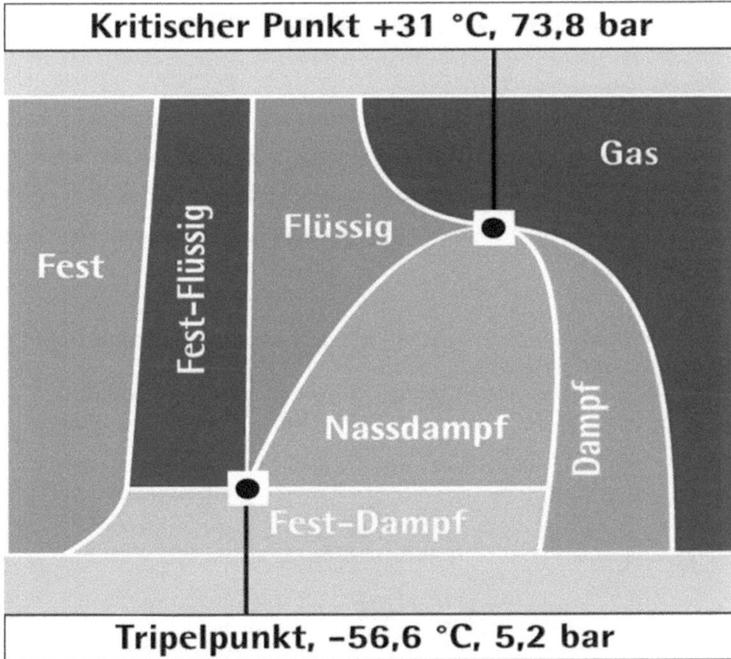

Abbildung 3: CO2-Zustände in Log-p-h-Diagramm. (westfalen.com)

2.5 Vorteile und Nachteile des CO2-Kältemittels

Die Benutzung von CO2 als Kälteträger verspricht einige positive Aspekte . Durch die Energie, die notwendig ist um die Flüssigkeit vollständig zu verdampfen, ist die dazu benötigte Energiemenge von geringem Umfang, d.h. es ist möglich eine geringere Pumpenleistung und kleinere Rohrleitungsquerschnitte zu erreichen und eine weitere Verwendung, die nicht als wassergefährdend eingestuft wurde, kann zusätzlich verwendet werden.

Tabelle 1: Gegenüberstellung zwischen unterschiedlichen Kältemedien.

	GWP	brennbar	giftig	Kosten für KM	Kosten Anlage	Verdichter-hubvolumen	theoretische Kälte-leistungszahl
HFKW	hoch	nein	nein	moderat	niedrig	mittel	gut
HFO	niedrig	moderat	nicht akut	hoch	mittel	mittel	gut
Kohlen-wasserstoffe	niedrig	ja	nein	niedrig	mittel	mittel	gut
Kohlendioxid	niedrig	nein	ab 10 %	niedrig	mittel	klein	mittel
Ammoniak	keins	entflamm-bar	ja	niedrig	höher	mittel	sehr gut
Wasser	keins	nein	nein	niedrig	mittel	sehr groß	gut

(Natürliche Kältemittel – Anwendungen und Praxiserfahrungen, Abschnitt 3)

Aus der Tabelle 1 gewinnt man einen Überblick von den meist verwendeten Kältemitteln. Es handelt sich hierbei um einen Vergleich, auf einer Seite bezüglich der thermodynamischen Merkmale von den Kälteträgern, auf einer anderen Seite bezüglich eines wichtigen Aspekts und zwar der Kosten. Man kann leicht erkennen, dass CO2-Kältemittel dank seiner Eigenschaften einen guten Rang am Markt gewonnen hat.

Da die Temperatur bei dem Verdampfungsprozess des Kälteträgers unveränderlich bleibt ermöglicht es im Wärmeaustauscher konstante Oberflächentemperaturen.

Kohlenstoffdioxid zeigt eine sehr gute Wärmeübertragungseigenschaft. Das Druckverhältnis (versteht sich als Beziehung vom Enddruck zu Saugdruck) des Verdichters ist gering, man hat also eine effiziente Verdichtung. Durch den geringen

Druckverlust in den Leitungen, kommt es lediglich zu geringen Auswirkungen auf die gewonnene Kälteleistung der Anlage aber auch auf den Wirkungsgrad an.

Ein weiterer Vorteil ist, dass R 744 umweltfreundlich ist und keinerlei Gefahr mit sich bringt und natürliches nichtfossiles CO2 nicht zum Ozonabbau beiträgt.

Mit Kohlenstoffdioxid kann man sogar im Winter effizient die erforderliche Nutzheizwärme durch den Einsatz in Wärmepumpen erzeugen, und damit wird nicht nur Energie erspart aber auch Geld.

Das Wärmekapazitätsverhältins bzw. der Isentropenexponent von Kohlendioxid zeichnet sich dadurch aus, dass es einen hohen Wert besitzt. Dadurch kommt es zu höheren Heißgastemperaturen, was technisch betrachtet ein Nachteil ist. Höhere Ansprüche werden dann an die in der Anlage benutzten Bauteile wie die Leitungen gestellt, die einerseits den höheren Druck, andererseits die höheren heißen Temperaturen standhalten.

Man muss bedenken, dass das Kohlendioxid über eine besonders hohe Durchlässigkeit in den Kunststoffen verfügt. Aus diesem Grund sollte die Abdichtung der gesamten Anlage eine größere Beachtung geschenkt werden. Bei einer schnellen Entnahme des Kältemittels neigen die Moleküle von CO2, die im Kunststoff gelöst sind, stark dazu, sich aus dem Kunststoff zu verbreiten. Das könnte dazu führen, dass die in der Anlage verwendeten Kunststoffdichtungen wegen dem freigesetzten CO2 zerreißen und aufgequollen werden.

„Durch den hohen Wärmeübertragungskoeffizienten können auch die Wärmeübertrager relativ klein gebaut werden. Außerdem ist aufgrund der geringen Viskosität wenig Pumparbeit in einem CO2-System zu leisten. Von Vorteil ist das vor allem bei Anlagen mit einer großen Netzlänge, wie sie in Frostern oder in Supermärkten vorkommen, z.B. bei Direktverdampfersystemen zur Tiefkühlung.
Was CO2 maßgeblich von gängigen Kältemitteln unterscheidet, sind die anderen Arbeitsverhältnisse, wie der eingeschränkte Arbeitsbereich bei subkritischen Systemen. Aufgrund des Tripelpunktes lassen sich mit CO2 auch keine Temperaturen unter etwa -50°C herstellen." (ikz.de)

2.6 Was bedeutet dies für die Umwelt

„Kohlendioxid als Kältemittel gilt als umweltfreundlich, da es einen sehr niedrigen Treibhausgaseffekt (GWP) von eins hat, und das Ozonabbaupotential (ODP) null beträgt.“ (Koka-online.info)

R 744 wird als umweltneutral eingestuft, da es aus Industrieprozessen gewonnen wird. Der CO2-Ausstoß beträgt im Durchschnitt beinahe ein Kilogramm von CO2, der dadurch zustande kommt, ein Kilogramm von R744 für die Verwendung in den Kälteanlagen zur Verfügung zu stellen. Da CO2 nicht entzündbar ist und somit Flammen erstickt wird es häufig als Feuerlöscher benutzt.

2.7 Auswirkungen von Kohlendioxid auf die menschliche Gesundheit

„Im Fall einer Leckage verdrängt CO2 Luft. Anders als beispielsweise bei herkömmlichen HFKW und HFCKW tritt bei einer CO2-Leckage kein direkter Sauerstoffmangel auf. Jedoch sind das Entweichen von CO2 und die Konzentration in der direkten Umgebung von Personen eine Herausforderung. Beim Stoffwechsel in menschlichen Zellen entsteht CO2, das über die Lunge an die Umgebung abgegeben wird. Wenn die injizierte Luft eine höhere als die normale Konzentration von CO2 in der Umgebung (etwa 400 ppm) hat, wird der CO2-Gehalt des Bluts ansteigen, der pH-Wert des Bluts wird reduziert.“ (cci-dialog.de)

Wenn die CO2-Konzentration in der Raumluft einen über den durchschnittlichen angemessenen Wert liegt, könnte es dann zu gefährlichen negativen Folgen auf den Menschen führen, die sogar in manchen Fällen lebensgefährlich sein könnten. Beispielsweise wenn der normale Rhythmus vom Atmen dadurch gestört wird, selbst wenn es sich in der Umgebungsluft Sauerstoff in reichlichen Mengen befindet.

ppm	gesundheitliche Auswirkungen
400	durchschnittlicher Anteil in der Atmosphäre
< 800	DIN EN 16798-3: gute Raumluftqualität
5.000	Arbeitsplatzgrenzwert (AGW)
(0,5 Vol.-%)	Grenzwert 8 Stunden, gewichteter Durchschnitt
10.000	kurzzeitiger Belastungsgrenzwert (Deutschland)
	60 min, dreimal pro Schicht
20.000	50 % höhere Atemfrequenz!
	kann die Leistungsfähigkeit der Atmung beeinflussen und
	Reizungen gefolgt von Störungen des zentralen Nervensystems verursachen
30.000	100 % höhere Atemfrequenz nach kurzzeitiger Belastung
50.000	sofortige Gefahr für Leben und Gesundheit (IDLH)
	Verlassen des Bereich nach einer Belastungszeit von 30 Minuten ohne irreperable Gesundheitsschäden
100.000	niedrigste Todeskonzentration, wenige Minuten verursachen Bewusstlosigkeit
200.000	Berichte von Todesfällen
300.000	führt schnell zu Bewusstlosigkeit und Krämpfen, Tod

Abbildung 4: Mögliche Einflüsse von Kohlendioxid auf die Gesundheit nach der Höhe des Gehaltes
(Natürliche Kältemittel – Anwendungen und Praxiserfahrungen, Abschnitt 5.2)

In der Abbildung 3 werden die aufzutauchenden Auswirkungen in Abhängigkeit von der in Luft vorhandenen CO2-Konzentration dargestellt.

Als allererstes sehen wir, dass die Konzentrationsanteile in ppm angegeben sind. Der Begriff „ppm“ stammt aus dem englischen und bedeutet in Deutsch „Teile pro Million“. Es steht hierbei für den millionsten Teil genauso wie der hundertste Teil bei „Prozent“. Existiert der CO2 in geringen Anteilen, so ist es ungiftig, außerdem ist er somit gemäß der Lebensmittelrichtlinien zugelassen. Im Sinne von „DIN EN 16798-3“ erfüllt das Raumklima nur dann die Behaglichkeitsbedingung, wenn der Kohlendioxidgehalt der Luft Werte geringer als 800 ppm hat. Im gelben Bereich in der Tabelle wird die zeitlich maximale CO2-Konzentration gezeigt, die in der Raumluft am Arbeitsplatz innerhalb von 8 Stunden vorhanden sein dürfte, ohne es zu gesundheitlichen Schädigungen zu führen. Der kritische Bereich beginnt angefangen mit 50.000 ppm und zwar, wenn sich Personen im betroffenen Raum länger als eine halbe Stunde aufhalten.

Im Fall eines CO2-Leck in einem Raum, muss dann unverzüglich eine gründliche Belüftung durchgeführt werden. Weiterhin muss eine Messung von der CO2-Konzentration von der Anlage über das Rohrleitungssystem bis zum Raum erfolgen. Es darf nämlich der Grenzwert von 5000 ppm nicht überschritten werden.

3 Zusammenfassung

Vergleichen wir andere Kältemittel mit dem CO2-Kältemittel sehen wir, dass Kohlendioxid durch den niedrigen GWP-Wert (Global Warming Potential) von 1 umweltschonend ist, zumal je größer die Höhe dieses Wertes ist, umso mehr Schäden bringt das entsprechende Mittel für das Klima. Darüber hinaus ist es in vielen Bereichen nicht nur eine kostengünstige Alternative ist, sondern bringt auch keine Gefahr mit sich, da es entflammbar ist. CO2 eignet sich daher sehr gut für den Einsatz in den thermodynamischen Prozessen, wo man nicht nur mit Kühlen zu tun hat aber auch mit Heizen.

Was man gut in meinem erwähnten Beispiel bezüglich der PKW-Klimaanlagen erkennen kann ist , dass CO2-Anlagen eine schnellere Abkühlung erreichen können und bringen somit zahlreiche Vorzüge mit.

Betrachten wir das Verfahren der Kältebereitstellung, erweist sich CO2-Kältemittel als sehr effizient und macht unterschiedliche Funktionen möglich. Ein großer Bereich, beispielhaft ein Supermarkt, kann gekühlt werden und gleichzeitig können andere Räumlichkeiten geheizt werden. Der Wärmeaustausch erfolgt meist reibungslos und auch hier können Kosten durch effizientes Heizen gespart werden. Das CO2-Kältemitte kann somit ein Allrounder sein, der viele Vorteile mit sich bringt.

Die Benutzung und Herstellung der Kälteanlagen bringt uns ebenfalls Vorteile. Durch die Gewinnung der unterschiedlichen Kältemittel haben wir ein System erschaffen, das unsere Lebensmittel als auch Medikamente und andere Sachen kühlen lässt und sogar dafür sorgt, dass bestimmte Minusgrade bis zu -20 Grad Celsius erreicht werden können. Somit könnten wir verschiedenste Kühlanlagen bauen, die uns im alltäglichen Leben sehr weiterhelfen. Sei es durch eine Wärmepumpe, durch eine neue Klimaanlage im Auto oder über unseren eigenen Kühlschrank.

Auf CO2-Kältemittel umzusteigen zeigt uns also, dass wir etwas in unserer Umwelt bewirken können und wir damit den Treibhauseffekt reduzieren können. Wir sollten uns mehr Gedanken darüber machen, wie wir die Umwelt durch kleine aber sehr effektive Veränderungen weniger schaden.

Im Allgemeinen ist solch ein Kältemittel in Autoklimaanlagen zu verbauen, meines Erachtens effektiver und günstiger. Durch die Verwendung des CO2-Kältemittel in den

Anlagen sorgen wir dafür, dass ein geringer Treibhausgaseffekt, der zur Erwärmung der Erdatmosphäre beiträgt, entsteht. Wir können im Grunde genommen vielleicht auch die Klimatechnik so umrüsten, dass eine effektive Wärme für den Innenraum eines Fahrzeuges im Winter sorgt, da zum Beispiel Diesel-Fahrzeuge etwas längere Zeit zum Aufwärmen benötigen.

Durch das genauere Untersuchen der verschiedensten kleinen Sachen können wir Menschen eine gute Alternative finden, die den Lebensraum der Tiere und unseren eigenen Lebensraum schützt und wir so den 20% der Reduzierung der Emissionen in der Erdatmosphäre näher kommen. Denn am Ende sind wir es, die entscheiden können, unserem Planeten zu helfen sich wieder zu erholen oder diesen zu zerstören.

4 Literaturverzeichnis

Eckert, Michael; Kauffeld, Michael; Siegismund, Volker (Hrsg.) Natürliche Kältemittel – Anwendungen und Praxiserfahrungen, Abschnitte (5.2 Einflüsse von CO2 auf Gesundheit, Anlagensicherheit und Umwelt) & (3 Vergleich der natürlichen Kältemittel untereinander für eine Vorauswahl).

https://www.amberger-kuehltechnik.de/wp-content/uploads/Grundlagen-Kaelte.pdf

https://www.vde-verlag.de/buecher/leseprobe/9783800739363_PROBE_01.pdf

https://cold.world/de/know-how/r744-kaltemittel-co2

https://www.kka-online.info/artikel/kka_CO2-Kaelteanlage_zum_Heizen_und_Kuehlen_2839405.html

https://de.wikipedia.org/wiki/K%C3%A4ltemittel

https://www.knipping-klima.de/wie-funktioniert-eine-kaelteanlage/

https://www.twk-karlsruhe.de/download/Kaeltemittel_CO2_Aktivitaeten_am_TWK_2002.pdf

https://www.umweltbundesamt.de/themen/klima-energie/fluorierte-treibhausgase-fckw/anwendungsbereiche-emissionsminderung/klimaanlagen-in-auto-bus-bahn/autoklimaanlagen-klimaschonendem-kaeltemittel-co2

https://westfalen.com/fileadmin/user_upload/Website_DE/Geschaeftskunden/Gase/pdf/Westfalen_IfP7_Natuerliche_Kaeltemittel_R744_DE.pdf

https://www.ikz.de/sanitaertechnik/news/detail/faqs-zu-co2-in-der-kaeltetechnik-fragen-und-antworten-zum-einsatz-von-co2-in-kaelteanlagen-und-waerme/

https://cold.world/de/know-how/kaeltemittelklassifizierung